图书在版编目（CIP）数据

咚咚咚，敲响编程的门.4,太好玩了，智能编程机器狗 / (韩) 金禧男著 ;(韩) 催贞仁绘 ;程金萍译. —
青岛 : 青岛出版社, 2020.7

ISBN 978-7-5552-9284-5

Ⅰ.①咚… Ⅱ.①金… ②催… ③程… Ⅲ.①程序设计 – 儿童读物 Ⅳ.①TP311.1-49

中国版本图书馆CIP数据核字(2020)第116725号

书　　名	咚咚咚，敲响编程的门④：太好玩了，智能编程机器狗	
著　　者	[韩] 金禧男	
绘　　者	[韩] 催贞仁	
译　　者	程金萍	
出版发行	青岛出版社	
社　　址	青岛市海尔路182号（266061）	
本社网址	http://www.qdpub.com	
邮购电话	0532-68068091	
责任编辑	王建红	
美术编辑	于　洁　李兰香	
版权编辑	张佳琳	
印　　刷	青岛乐喜力科技发展有限公司	
出版日期	2020年7月第1版　2020年7月第1次印刷	
开　　本	16开（889mm×1194mm）	
印　　张	17.5	
字　　数	210千	
书　　号	ISBN 978-7-5552-9284-5	
定　　价	182.00元（全7册）	

编校印装质量、盗版监督服务电话 4006532017　0532-68068638
建议陈列类别：少儿科普

咚咚咚，敲响编程的门

太好玩了，智能编程机器狗

[韩] 金禧男 / 著

[韩] 催贞仁 / 绘

程金萍 / 译

青岛出版社

QINGDAO PUBLISHING HOUSE

宇宙一个人呆呆地看着窗外，外面
正有个小朋友和她可爱的狗狗一起散步。

宇宙羡慕极了，他想，要是我也可
以养一只小狗就好了。

不过，妈妈常常对宇宙说："你
对狗毛过敏，我们家是不能养狗的！"

有一天，宇宙的叔叔从研究所回来了，他对宇宙说："宇宙，你在干什么呢？叔叔给你带来了一份特殊的礼物哦。"

"礼物？"宇宙觉得很好奇。

叔叔将礼物递给他，说道："智能编程机器狗丁可闪亮登场！"

"哎呀，这不就是个玩具嘛！"宇宙撇撇嘴说。

看到宇宙失落的神情，叔叔说："宇宙，这可不是个普通的玩具哦，它可是一只神奇的智能编程机器狗，让我来为你展示一下它的强大功能吧！"

智能编程机器狗

这只超级可爱的智能编程机器狗会走、会跑、会跳舞，还有超强的嗅觉呢！它不仅能听懂人的话，摸它的时候它也会有反应哦！

翻滚！

跑！

在叔叔的命令下，丁可听话地做着各种动作。

"它倒是挺可爱的，不过，我想要的不是机器狗，而是那种真正的小狗——只要我一回到家，它就会兴奋地来迎接我，然后钻进我的怀里，还蹭我的脸。"宇宙说道。

"是吗？丁可也能做到这些啊，只要你给它编程就可以了。"叔叔说。

"编程？什么是编程啊？"宇宙问叔叔。

叔叔向宇宙解释道："按照一定的顺序输入计算机能明白的指令，指挥计算机做各种事情，这个过程就叫**编程**。"

然后，叔叔从包里拿出平板电脑，说道："只要我们把指令输入进去，丁可就能执行了。不过，怎样才能让丁可察觉出我们回到家了呢？"

　　"只要我们一按房门的密码锁，它就会发出'滴滴滴'的声音，这样丁可马上就能知道我们回家了！"宇宙得意扬扬地说。

　　叔叔听到后，高兴地说道："嗯，好主意！接下来，你希望丁可怎么欢迎我们呢？"

　　"我希望它能欢快地摇着尾巴跑过来，然后钻到我的怀里，不停地蹭我的脸。"宇宙眉飞色舞地说道。

欢迎回家的程序

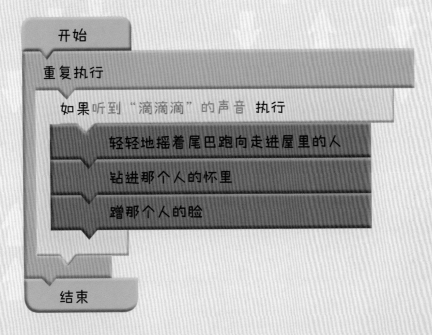

开始

重复执行

如果听到"滴滴滴"的声音 执行

轻轻地摇着尾巴跑向走进屋里的人

钻进那个人的怀里

蹭那个人的脸

结束

叔叔在平板电脑上按顺序一一输入指令。

"叔叔,'重复执行'是什么意思啊?"宇宙问叔叔。

叔叔解释说:"'重复执行'的意思是只要一有'滴滴滴'的声音,丁可就会重复那些动作。如果没有'重复执行'这项设置,丁可就只会执行一次命令。"

宇宙一下就明白了:"啊,看来这个'重复执行'指令是必须要设置的。"

"当然了!编程完成!"叔叔喊道。

　　这时，恰好从门口传来"滴滴滴"的声音。

　　只见丁可轻轻地摇着尾巴，向着门口的妹妹星辰跑了过去，它还钻到星辰的怀里，不停地蹭星辰的脸。

　　"哎呀，这是什么啊？"妹妹大叫道。

　　"星辰，来打个招呼吧，这是我们家的小狗狗丁可。"宇宙向妹妹介绍道。

　　听到宇宙的话，叔叔欣然一笑："星辰，你也要好好照顾丁可哦，就像照顾小弟弟一样。"

这时，丁可突然汪汪汪地叫着走了过来。

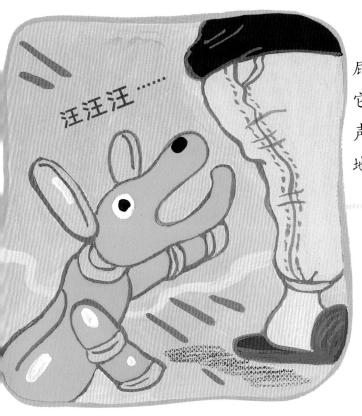

汪汪汪……

丁可朝着叔叔的屁股冲了过去。突然，它哼哧哼哧地叫了几声，然后猛地倒在了地上。

叔叔，丁可好奇怪啊。它到底怎么了？

"不好意思，丁可之所以这样全都是因为刚才我放的臭屁……"叔叔抱歉地说，然后讲起了丁可的秘密，"其实，它是研究所发明的一种煤气探测机器狗。如果有煤气泄漏，它就会汪汪大叫来提醒人们。不过，不知道是哪里出了问题，丁可只要一闻到臭味就会哼哧哼哧乱叫，然后猛地倒在地上。我们即使对它重新编程也无济于事。"

听了叔叔的解释，星辰有些失望："哎呀，丁可根本就是一个残次品嘛！"

"丁可才不是残次品！它明明就是对气味超级敏感的天才机器狗！"宇宙完全不认同妹妹的看法。

大家正说着，丁可不知道什么时候已经醒过来了，又开始汪汪汪地叫起来。

有一天，宇宙正躺在地上看书，星辰举着一只脏袜子走过来，抱怨道："哥哥，妈妈不是说过不要把袜子脱下来到处乱扔嘛。快点把它们扔到放脏衣服的篮子里！"

"哎呀，又开始唠叨了。好好好，我知道了！"宇宙说着，正好看到了在他身边的丁可，他自言自语道，"要不我安排丁可去做？我只要像叔叔那样编程就可以了！"

如果让丁可把袜子扔进放脏衣服的篮子，需要哪些步骤呢？

宇宙仔细地思考起来：丁可没法用脚捡袜子，所以它得用嘴把袜子叼起来。而且，它还得找到放脏衣服的篮子。只要把袜子放进放脏衣服的篮子里，整个任务就大功告成了！

宇宙立刻开始输入一系列需要丁可执行的指令，进行编程。

捡袜子的程序

开始

重复执行

如果 发现袜子 执行

叼起袜子

找到放脏衣服的篮子

将袜子放进放脏衣服的篮子

结束

　　"编程完成！丁可能不能顺利完成捡袜子的
任务呢？"宇宙说完，就将袜子放到了地上。
　　这时，丁可跑过来，叼起袜子，走向放脏衣
服的篮子，把袜子放了进去，接着又走了回来。
　　"做得好，丁可！"宇宙高兴地抚摸着丁可。

第二天早上，家里发生了一件奇怪的事情，大家的袜子全都不翼而飞了。

"哥哥，是不是你把我的袜子都藏起来了？我怎么一只也找不到了！"星辰来到宇宙身边，大声喊道。

"你说什么呢？我没藏你的袜子！"宇宙说完，发现不仅星辰的袜子，就连他自己的袜子也不见了。

叔叔从房间里走出来，问道：
"什么？袜子都不见了？"
　　宇宙、星辰和叔叔一起翻找
着家里的各个角落。

这时，他们发现，所有的袜子竟然都在放脏衣服的篮子里！

　　"可是，袜子怎么会全都在这里呢？"叔叔很好奇。

　　"我昨天给丁可编程了，是我让它把袜子放进脏衣服篮子里的。"宇宙不好意思地低声说道。

　　"原来丁可才是罪魁祸首啊！来，让我看看你是怎么编程的。"叔叔说道。

叔叔看了看宇宙写的指令，笑着说："宇宙，当输入只在某种条件下才能执行的指令时，需要用到**条件语句**，而且条件语句必须非常精确。你输入的指令就是因为条件语句不够精确，才产生了这样的结果。我们可以把'如果发现袜子'改成'如果发现脱下来的脏袜子'！"

捡袜子的程序

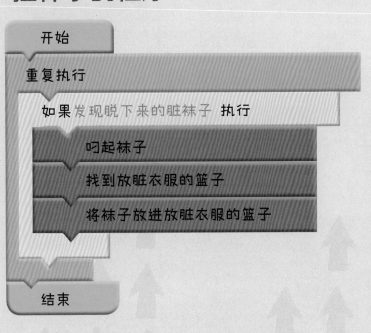

开始

重复执行

如果 发现脱下来的脏袜子 执行

叼起袜子

找到放脏衣服的篮子

将袜子放进放脏衣服的篮子

结束

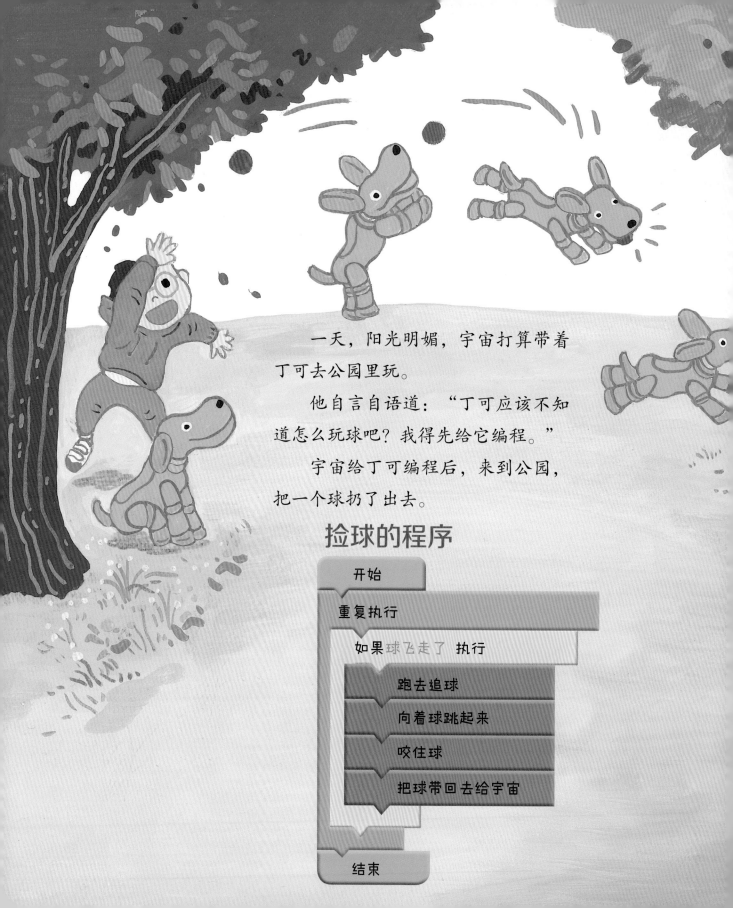

一天，阳光明媚，宇宙打算带着丁可去公园里玩。

他自言自语道："丁可应该不知道怎么玩球吧？我得先给它编程。"

宇宙给丁可编程后，来到公园，把一个球扔了出去。

捡球的程序

开始

重复执行

如果 球飞走了 执行

跑去追球

向着球跳起来

咬住球

把球带回去给宇宙

结束

只见丁可立刻向球追去，它猛地朝着
球跳起来，"啊呜"一口咬在了嘴里。
接着，它又将球送回宇宙手里。
整个过程一气呵成。

啊，成功啦！丁可，
你真棒！

这时，不知从哪个地方飞来另一个球。只见丁可猛地跳起来，咬住球，把它带到了宇宙身边。

"啊，这是谁的球啊？"宇宙很好奇。

过了一会儿，丁可又叼来了一个球。

"偷球贼，站住！"

"把球还给我！"

⋯⋯⋯⋯⋯

远处传来了一阵阵呐喊声。

不一会儿的工夫，在公园里玩耍的小朋友们都围了过来。

"喂，你的小狗把我的球叼走了。"

"它也叼走了我的球！"

……………

小朋友们叽叽喳喳地质问宇宙。

"啊，对不起！其实，丁可是一只机器狗……"宇宙赶紧跟小朋友们解释丁可的情况，一时间急得满头大汗。

这时，叔叔来到了公园里，见此情形，连忙问宇宙发生了什么事。

"我给丁可编程，让它把我扔出去的球捡回来，不过，现在看来应该是哪里搞错了。它变成了偷球贼，把其他小朋友们的球也都叼来了。"宇宙着急地跟叔叔解释。

叔叔看了看宇宙的编程，说道："嗯，这里面的条件语句设定得不够精确，所以才会出现这种情况。你重新输入指令吧，把是谁扔的球这个条件添加进去试试。"

捡球的程序

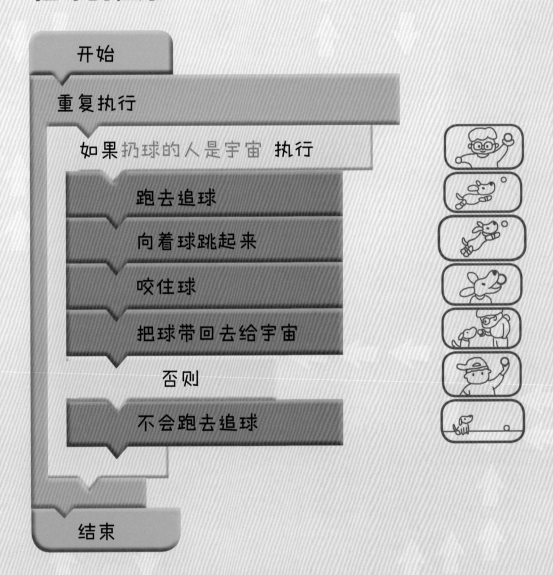

开始

重复执行

如果 扔球的人是宇宙 执行

跑去追球

向着球跳起来

咬住球

把球带回去给宇宙

否则

不会跑去追球

结束

重新编程后，宇宙和叔叔在小朋友们面前轮番将球扔出去。

结果，只有当宇宙将球扔出去的时候，丁可才会把球捡回来。

"好神奇啊，这只小狗叫什么名字啊？"小朋友们都感到很好奇。

"它叫丁可。"宇宙自豪地说道。

小朋友们问宇宙："丁可会不会踢足球啊？我们一起踢球吧！"

"好啊！只要给它编程就可以了！"宇宙说。

宇宙、丁可和小朋友们高兴地踢着足球，玩得不亦乐乎。

踢完球后，所有人都脱了鞋子，在凉席上休息。

小朋友们围着丁可，对它交口称赞："宇宙，我好羡慕你啊。我也想要一只这样的机器狗。"

这时，丁可突然哼哧哼哧地叫了几声，然后猛地倒在了地上。

"啊？宇宙，丁可怎么了？"小朋友们吓了一跳。

宇宙若无其事地说道："应该是你们的脚太臭了，把丁可熏得晕倒了！"

听了宇宙的话，小朋友们有些疑惑，宇宙向他们解释了其中的原因，小朋友们赶紧都把脚丫挪到了一边。

不一会儿，丁可就醒了过来，它又汪汪汪地叫了起来。小朋友们都哈哈大笑起来。

汪汪汪……

符合条件，还是不符合条件？

通常，我们会给计算机输入一些只有满足一定条件才能执行的指令。

例如，光控路灯在天黑时，就会亮灯；天亮时，就会关灯。

这种情况下所使用的指令就是**条件语句**，可以用"如果天黑了，那么就亮灯，否则就关灯。"来表示。

小朋友们，我们一起来设计一个用 20 元零花钱买玩具的程序吧。

玩具价格超过 20 元了吗？

如果玩具价格超过 20 元，

否则，

那么就将玩具放回原位。

就买下玩具，然后开心玩耍。

小朋友们，请你自己试着写一写下面的程序吧。

开始

重复执行 5 次

　如果是女生 执行

　　举起双手左右摇摆

　否则

　　一边拍手一边跺脚

结束

开始

重复执行 5 次

　如果戴眼镜 执行

　　抬起一只脚原地蹦

　否则

　　模仿大象鼻来回转圈

结束

大家也可以按照每一步的指令来做一做上面的游戏。

传说中的程序员

编写指挥计算机工作的程序、制作操作系统的人，就是我们通常所说的**程序员**。

在程序员编写程序时，编程知识及编程技术固然重要，但更重要的是编程思维。

程序员需要不停地思考，还要不断地挑战自己。正是由于他们令人惊叹的思考能力及苦心钻研，才使得我们节省了更多时间，生活也变得更加便捷。

玛格丽特·汉密尔顿
（Margaret Hamilton）

为实现登月计划，美国发射了阿波罗11号飞船，这背后有许多人付出了心血和努力，其中就包括伟大的计算机科学家玛格丽特·汉密尔顿。她带领团队研发出了一种飞行软件，化解了阿波罗11号飞船返程的危机，帮助人类顺利登上了月球。

艾伦·图灵
（Alan Turing）

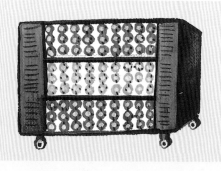

艾伦·图灵是英国的数学天才，他被称为"人工智能之父"。在第二次世界大战期间，他带领团队破解了德国著名的密码系统 Enigma，帮助盟军取得了"二战"的胜利。

保罗·艾伦
（Paul Allen）

比尔·盖茨
（Bill Gates）

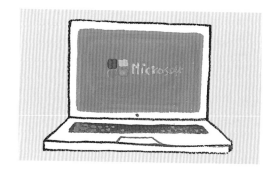

1975 年，保罗·艾伦和比尔·盖茨创立了美国微软公司。微软公司研发出一套操作系统 Windows，并不断更新。微软公司凭借该程序系统迅猛发展，成为全球知名企业。

马克·扎克伯格
（Mark Zuckerberg）

马克·扎克伯格在大学期间建立了一个网站，用来帮助学生们彼此沟通、联络。这个网站就是享誉世界的 Facebook 网站。起初，只有他的校友们可以登录使用 Facebook 网站，后来扎克伯格将它逐渐拓展至美国主要的大学。如今，它已成为世界上最重要的社交网站之一。